Eerste editie: 3 april 2023

auteursrechten© 2022 Marcos Cervantes Janssen

Bewerkt door redactiebrief@de dag

https://www.youtube.com/channel/UCQ12Xlt8oQOaWAhAiboXPUA
https://www.instagram.com/newtekjanssen/
https://www.facebook.com/LETRA3ROJA
https://www.newtek.janssen@gmail.com
https://twitter.com/Letra3Roja
https://newtekjanssen.es.tl/
letra3roja@gmail.com

OCTROOI

ISBN: 9798390351673

WANNEER, WAAR EN HOE.

Door: Marcos Cervantes Janssen

INHOUDSOPGAVE:

- VOORWOORD: 5
- UITVINDER: 7
- INNOVATIEF: 9
- ONDERNEMER: 11
- AUTEUR: 13
- SCHEPPER: 15
- ONTWERPER: 17
- COMPONIST: 19
- ONDERZOEKER: 21
- HET RIJDEN: 23
- CONSOLIDATOR: 25
- GEVER: 27
- MENTOR: 29
- VISIONAIR: 31
- ISBN: 33

VOORWOORD:

Dit werk is het praktische voorbeeld van eenpatent, want in dit boek zal ik het je laten ziendat je je idee kunt patenteren, project of apparaat met behulp van dedesktop-publishing; Ik zal je alles gevenbenodigde hulpmiddelen zodat u kuntje volbrengt deze taak. octrooi heeftdoor de geschiedenis heen geweest, de manier waaropwaaruit onze technologie voortkomtlegale en eerlijke manier voor makers. Het is van vitaal belang om te patenterenmeteen wat een origineel en vernieuwend ideedie je hebt, omdat het verstrijken van de tijd,grote uitvindingen in de vergetelheid heeft gelaten, endus hun oorspronkelijke auteurs. lees meedetail en duidelijkheid elk van deaanbevelingen, gewoon oefenen endoor dit te doen, kunt u dit voltooientaak om te overstijgen, zijn bijdrage te leverenverstand en vaardigheid.

We zijn een enkel onderling verbonden systeem enecht iedereen zonder uitzonderingwe hebben anderen nodig. De ideeënze ontstaan in momenten, evenalsvluchtig verdwijnen, daaromdocument, overstijgt de menselijke geestdoor de eeuwen heen, kan vandaag de dag zijnprecies moment van transcenderen, een verlatennuttige erfenis, op een bepaalde manier documenterenbeknopt en valide. elke geest dat opaan de planeet, in staat is bij te dragen aan decollectieve evolutie van onze beschaving.Elk idee van Hem is potentieeltransformatief, aanwezig in de wereld, ispersoonlijke of collectieve bijdrageecht praktische manier. dankjeweluw aandacht en ik weet zeker dat uw idee zal zijnvan groot voordeel voor ons allemaal, zondermaar voorlopig gaan we naar de eerstehoofdstuk, onthoud als je wiltpatent, dit is de juiste plek, demoment en de meest persoonlijke maniervoldoende om het NU te doen!!!!!!

UITVINDER:

Wanneer het onbekende bekend wordt, ontstaat de uitvinding, als je ideeën hebt die uit je hoofd komen en je enthousiast bent om ze aan anderen uit te drukken, is je pad dat van een UITVINDER. De oplossing voor duizenden dagelijkse en specifieke problemen vereist uitvinders die vastbesloten zijn om de stilte en verlegenheid te doorbreken. Als je plotseling in gedachten de hypothetische oplossing visualiseert en de mogelijkheden van functioneel succes ervaart, is de inventiviteit in jou actief. Nu, als je het experiment uitvoert van deze uitvinding die in je geest is gevormd en het is succesvol, dan moet de uitvinder zo'n uitvinding patenteren voor het behoud en de legitimiteit ervan. Het woord uitvinden is de ingang naar een onbekend venster, en ga zo door het avontuur van mentale verkenning, met het duidelijke doel om een behoefte, probleem of verlangen om te ontdekken op te lossen en ermee om te gaan.

Uitvinden is in de geschiedenis de dagelijkse actie van vooruitgang geweest. Het hebben van nieuwe technologieën, theorieën en hypothesen komen voort uit constante menselijke inventiviteit. U bent een uitvinder, maar u neemt het niet als vanzelfsprekend aan, omdat het een pad lijkt dat te moeilijk en ingewikkeld is. In dit boek, dat op zichzelf al een patent is, zult u de mogelijkheid zien om dezelfde kans te benutten die is beschikbaar voor ieder van ons; dat wil zeggen, om een legitieme en echte uitvinder te zijn. Op deze manier heb je een echte kans om te transcenderen, dankzij de uitvinding ten dienste van anderen, onthoud dat elk probleem meer dan één oplossing heeft en ontdekt wil worden door een uitvinder van moed en vastberadenheid. Het betreden van dit venster van de toekomst is de taak van degenen die hun ogen op de toekomst en hun handen op het heden hebben gericht, zonder het verleden als een inventieve ervaring te vergeten.

INNOVATIEF:

Wanneer een idee voor verbetering ontstaat, als resultaat van een reeds gegeven oplossing, wordt dit innovatie genoemd, elke nieuwe editie van een boek is een innovatie van de originele titel, dit wordt in de branche herziening genoemd in innovatieve modellen voor betere prestaties . Innovatie is geen uitvinding die uit het niets is ontstaan, maar het is net zo belangrijk, aangezien continue verbetering in alle aspecten ons leidt naar efficiëntie door uitmuntendheid. Het innovatieproces vereist een hoge mate van analyse en voorstellen voor verbetering. Innovatie is de essentie van technische evolutie in de industrie, evenals continue verbetering in bijna alle administratieve en technische processen. Innoveren is meedoen op ontwerpniveau, een nieuwe revisie, versie of editie verkrijgen, al naar gelang het geval.

Om te innoveren, moeten we de meest mogelijke alternatieven uitnodigen, in de praktische en echte oplossing, van het probleem in kwestie, dit is hoe efficiëntie en bruikbaarheid worden verhoogd in hun warmte en werking, door de gegenereerde innovatieprocessen. De patenteringstechniek, door middel van bibliografische editie, maakt de innovatie van uw patent mogelijk, door middel van nieuwe edities van de gepatenteerde titel. elke revisie een verbeterde, uitgebreide en herziene editie. Het innoveren van de manier om ons patent bloot te leggen, is de essentie van dit werk, dat, wanneer begrepen en geassimileerd, ons ongetwijfeld zal leiden tot de solide constructie van onze fundamenten en eerste stappen in dit nieuwe tijdperk van transcendentale uitdagingen. Hij verduidelijkte dat de primaire uitvinding niet voortkomt uit de directe geest van de auteur en uitvinder in kwestie.

ONDERNEMER:

Een echte ondernemer is niet bang om te falen, want als ondernemer begrijpt hij dat een uitvinder of innovator moed en aanmoediging nodig heeft om door dit avontuur te navigeren. Ondernemen is beginnen, zoals we weten; elk begin vereist een inspanning van grote vraag en uitdaging. Ontdekken welke nieuwe horizonten zijn vergeten, is niet prettig, daarom vereist ondernemerschap een groot doorzettingsvermogen en sluwheid. Starten vereist altijd extra energie, dus ondernemerschap begint, net als een starter, met een creatieve oerknal, wat fundamenteel is voor evolutie en dynamische verandering; Om deze reden is ondernemen een creatieve en eigenzinnige actie met futuristische doeleinden, door middel van een geordend, energiek en doelgericht cadeau. Ondernemer zijn is essentieel om een nieuw octrooi te creëren, evenals het redigeren van het literaire werk voor de beschrijving en registratie ervan. Zo krijg je een **ISBN-nummer**, **(Internationaal Standaard Boek Nummer)**, waarmee het idee al een auteur en intellectueel eigendom heeft. Literair ondernemerschap is de meest praktische en haalbare manier om het auteurschap van uw ideeën, ontwerpen en uitvindingen vast te stellen. Dit werk dat u in handen heeft vertegenwoordigt in wezen zo'n functie. Dit boek is de onderneming waarmee patenten op een praktische en directe manier gerealiseerd kunnen worden. Elke onderneming die u uitvoert, documenteer het onmiddellijk in concepten in eerste instantie, met het duidelijke doel om ze openbaar te maken, onder zijn auteurschap. Op deze manier bent u dus de auteur en houder van de wettelijk geregistreerde rechten van wat er is geschreven en gedocumenteerd.

AUTEUR :

Door uw ideeën op een persoonlijke en automatische manier te ordenen, volgens uw eerder toegepaste strategie, kunt u op een echte en snelle manier de enige, exclusieve auteur van dergelijke ideeën zijn. Auteur zijn is echt belangrijk voor je persoonlijke ontwikkeling als uitvinder. Dus door het auteurschap van uw projecten te oefenen door middel van de juiste literaire documentatie, zal het u ertoe brengen uw patent te bezitten. Dit is zo, internationaal, dankzij de attributen van de **ISBN-nummer**, **(Internationaal Standaard Boek Nummer).** Zo neemt hij je in dit 33 pagina's tellende werk mee om het auteurschap van zijn projecten te ervaren. Bouwers van onze beschaving zijn is een uitzonderlijke taak; dit in een van de bestaande gebieden en te creëren. Onthoud dat auteur zijn universeel van aard is.

Creatief en inventief auteurschap omvat alle gebieden van onderzoek en technologische ontwikkeling, evenals het artistieke gebied. Binnen al deze te ontwikkelen branches zullen er meerdere onderwerpen zijn om te documenteren, zoals; wetenschap, muziek, gedichten, geneeskunde, psychologie, specialiteiten, enz. Auteur zijn is degene die zijn eigen onthulling promoot om zijn wezen te delen. Alleen als een echte auteur kun je jezelf aan anderen geven. De opgedane en ervaringskennis die in je zit, kun je op eigen kracht aan anderen overdragen, dit is een van de stelregels als mens. Elk opgelost probleem is het waard om de betekenis van een generatie vast te leggen, en door te schrijven duurt het het langst zonder afwijkingen en verwatering. Auteur zijn betekent ook voor altijd leren als een levensstijl, het is op deze manier en alleen op deze manier dat de beheersing van het leven de onze wordt.

SCHEPPER:

Een creatie bestaat uit de interactieve samenhang van elementen en ideeën, componenten en compositie, zo krijgt materie vorm, worden partituren omgezet in melodie. Een schepper zijn is individualiteit troosten, een georganiseerd en functioneel systeem, het is verenigen door intelligente koppelingen, een structuur met een eigen identiteit. Creëren is geen daad van spontane generatie, maar eerder een diepgaande evolutie van gematerialiseerde ideeën. Schepper zijn is voortplanten voor anderen, bijdragen aan het algemeen welzijn, oplossingen en uitdrukkingen baren die tijd en ruimte overstijgen; Dus wij zijn creatie en creationisten in dit eeuwig evoluerende bestaan.

CREËREN IS GELOVEN EN AAN ANDEREN GEVEN WAT UIT ONS INTERIEUR KOMT.

Het eigendom van Schepper wordt toegekend aan de soevereine entiteit, die de mensheid heeft geïdentificeerd als GOD, hiermee kunnen we zien hoe belangrijk de mensheid de uitoefening van dergelijke activiteit vindt, waarmee het lijkt alsof het creëren van goddelijke aard is, evenals wij als mensen wij zijn goden, welk doel en deugd wij door overerving bezitten. Creëren is de enige manier om op een integrale manier te evolueren en zo onze beschaving verder te brengen dan de reeds bekende aardse verlangens. Het patenteren van elk van onze creaties is ons recht en onze plicht, dit ten gunste van de orde die de nieuwe menselijke beschaving heeft veroorzaakt; die is geschapen, scheppend en vernieuwend, in zijn eeuwige wandel. We zijn dus mensen met een bewustzijn dat wakker is om vooruit te komen, in dit analoge bestaan, vol uitdagingen om op te lossen.

CREËREN is GELOVEN in werkelijk MACHT.

ONTWERPER:

Ontwerpen is de taak om onze creatieve gedachten op een ordelijke manier te sturen. De ontwerper stuurt die dromen, die nog niet zijn gerealiseerd, door middel van strategieën, methoden en hulpmiddelen voor de conformatie en voltooiing hiervan. Boekontwerper zijn vereist werk, meer dan deugd. Wanneer uw octrooi op vellen papier is belichaamd, is de vormgeving van dit materiaal essentieel voor de duidelijke weergave van het betreffende octrooi. Het ontwerp varieert van de geboorte van het idee tot de voltooiing van het patent in kwestie.

Documenteren is altijd de meest substantiële manier geweest om wijsheid te erven, in dit geval is het ontwerp van het grootste belang omdat de nauwkeurigheid en precisie de redactionele dekking van het octrooi bepalen. Elk gedocumenteerd ontwerp is zeer reproduceerbaar, zozeer zelfs dat het mogelijk is om ideeën te commercialiseren door middel van deze methode van patenteren. Het ontwerpen van een boek is de beste manier om redactioneel patenteren te oefenen. Een ontwerper is een planner bij uitstek, zijn ontwerpen zijn met voorbedachten rade creaties met een hoge mate van bewustzijn en actieve visie.

DRIE GESCHREVEN WOORDEN ZEGGEN MEER DAN DUIZEND WOORDEN IN DE LUCHT.

COMPONIST:

Binnen het onderwerp octrooiering neemt muziek een zeer belangrijke plaats in, omdat hierdoor cultuur en onderwijs van generatie op generatie worden overgedragen. Het schrijven van muziek is een techniek die speciale kennis vereist. Het kost aandacht en veel tijd om het schrijven van bladmuziek onder de knie te krijgen en zo muziek op papier te zetten voor erfelijk behoud. Muziek componeren houdt de kunst in om mentale situaties uit te drukken met melodie en technisch, grammaticaal vermogen, dit gevoel als een precies idee. Naast schrijven is het ook erg belangrijk om muziekregels zo natuurgetrouw mogelijk te lezen en te interpreteren. Dit is hoe het patenteren van melodieën alleen wordt uitgevoerd door middel van geschreven partituren.

De overdracht van melodieën door middel van geluid of louter handmatige training verliest zijn nauwkeurigheid van de ene generatie op de andere, maar wanneer het op papier wordt belichaamd, is het mogelijk om het volledige auteurschap van de symfonie in zijn geheel te reproduceren en te behouden. Muziek interpreteren is een sublieme kunst, maar het componeren van muziek is een onvergelijkbare roeping en deugd voor de menselijke ontwikkeling en haar geschiedenis, zo drukt elke cultuur, regio en sociale groep zijn gevoelens af op dit bestaanspad.

COMPONEREN IS CO CREËREN VAN DE SCHOONHEID VAN HET BESTAAN.

ONDERZOEKER:

Onderzoeksmethoden zijn het patroon van technologische ontdekking van onze geschiedenis als mensheid, onderzoek zit in ons, puur natuur voor onze eeuwigheid. Het is om zo'n reden dat onze geest altijdzal zoeken, vind alles wat je leert opnieuw uit. Elke keer dat we informatie analyseren, wordt het zoeken in de verificatie en breedte van een dergelijk onderwerp in ons ingeschakeld. Bevestigen is onze taak als natuurlijke onderzoekers, elke situatie en informatie verifiëren, onze kennis van dingen en situaties opnieuw bevestigen.

HET IS NIET DEGENE DIE MEER WEET, MAAR DEGENE DIE MEER DOET, DIE ONZE SAMENLEVING TRANSFORMEERT.

Onderzoeker is degene die niet stopt en alleen maar observeert, maar degene die dynamisch informatie verzamelt en, onder een bepaalde volgorde en strategie, resultaten weet te onthullen. De onderzoeksmethoden, evenals de persoonlijke vaardigheden om ze te ontwikkelen, bestaan naast elkaar onder dezelfde visie, om vandaag in het heden, gebaseerd op het geanalyseerde verleden, een toekomst te creëren die is gestructureerd volgens de richtlijnen van zuivering en verbetering. Onderzoek op een natuurlijke manier is juist, plus gepland onderzoek, gebaseerd op experimentele structuren, zal ongetwijfeld betere resultaten opleveren en in minder tijd. Alleen gebaseerd op duurzaamheid en toewijding, *een patent is altijd het succesvolle hoogtepunt van nauwgezet en nauwgezet onderzoek*.

HET RIJDEN:

De impuls om een innovatie door te voeren komt uit verschillende bronnen, de belangrijkste en blijvende is het eigen persoonlijke interieur. Of het nu door verlangen is of door invloed van buitenaf, elke impuls in ons moet op zijn beurt worden overgedragen op anderen. Dus, als promotors van onze eigen realiteit, zullen we in staat zijn om de geest van anderen te koesteren. Een wezen dat een echte promotor is, promoot en infecteert zijn leeftijdsgenoten, om weer vernieuwd te lopen. Dit werk drijft je beslissing om je inventieve intellect serieus te nemen, en door middel van documentaires die op deze manier worden geschreven, genereer je innovaties, ideeën en verbeteringen volgens het schema van internationaal geregistreerde boeken.

Ik nodig u uit om door middel van het schrijven, opmaken en bewerken van uw project literaire werken te genereren die wereldwijd worden gelezen, onder de verschillende auteursrechtelijke beschermingen die worden geboden door deAanpassen, vandaag als onafhankelijke auteurs. Onthoud dat elk voltooid project met ervaring zal leiden tot de oplossing op het juiste moment. De ervaring met het gebruik van de hiervoor bestemde methoden en apparatuur, geeft patente resultaten een impuls.

WIJ BEVORDEREN HET CREËREN VAN OCTROOIEN DOOR HET BEWERKEN VAN DIGITALE BOEKEN. (ISBN)

CONSOLIDATOR:

Als je zover bent gekomen als deze leesregel, is het tijd om je idee als je eigen patent te versterken. Aarzel niet langer en schrijf zorgvuldig uw uitvinding, ontdekking, innovatie of creatie, ongeacht het genre, op deze manier op papier wat u al lang in gedachten heeft.

Vergeet niet dat hypothesen ook onderhevig zijn aanpatenteren.

We weten dat de wetenschappelijke methode experimenten vereist voor de validiteit ervan, maar het is niet essentieel voor de consolidering ervan als octrooionderwerp.

Daarom raad ik u aan om er onmiddellijk uw eigen te maken en uw intellectuele eigendom te beschermen voordat tijd, plus dagelijkse bezigheden, u afleiden. Geestelijke dissipatie zorgt ervoor dat de consolidator zijn taak niet voltooit, daarom wordt het ten zeerste aanbevolen om de beslissende tijden in te korten en onmiddellijk te reageren op de uitdrukking van ideeën op papier, laat niet op het spel staan wat kan overstijgen en veranderen wat nodig is voor de algemeen welzijn. Onthoud dat het sluiten van de kringlopen altijd van vitaal belang is om te blijven evolueren en transcenderen door de verantwoorde consolidatie van onze acties, beslissingen en creaties. **Met degelijkheid is succes zekerder.**

GEVER:

Het is het hoofdthema van de makers, aangezien het leveren van bijdragen gebaseerd is op zichzelf geven en vervolgens ontvangen wat overeenkomt door oorzaak en gevolg. Als uw bijdrage aan octrooiering van deze aard is, is het van vitaal belang om deze schriftelijk aan te bieden en te reproduceren voor de kennis van het grootste aantal begunstigden. Onthoud dat een octrooi een schenking is, aan anderen, met de duidelijke realiteit van royalty's; meer nog dat de motor van de uitvinding de continue verbetering van onze soort is. Op deze manier is het dus de eerlijke winst voor ons welzijn en dat van onze gemeenschap.

Door het beste van ons intellect te geven bij het uitgeven in eigen beheer, wordt van nature het octrooi in kwestie gepromoot, evenals de indicaties voor het gebruik en de reproductie ervan. Dit boek is specifiek ontworpen om via het redactionele patent de realiteit ervan te onderwijzen. Het is controleren of dit idee waar en praktisch is, het is de DAR van het werk, voor elk van de potentiële makers. Zo wordt de mogelijkheid om te patenteren op een praktische, eenvoudige, snelle en reële manier geboden. Je tijd besteden aan het leren schrijven en ontwerpen van het juiste ontwerp voor elk van de patenten is de individuele taak van elke persoon met dit prachtige profiel. Onthoud deze menselijke waarheid, **GEVEN IS LIEFDE.**

MENTOR:

Als het idee om te patenteren al duidelijk in je hoofd zit, maak dan een schets, stap voor stap, met alle details, want je bent de mentor van degene die je patent op dat moment moet begrijpen. Elk patent is een erfenis voor anderen, dus het onderwijs wordt uitgeoefend door roeping. Onthoud altijd dat jij en ik als onderdeel van een geheel hebben geleerd, en daarom is het onze plicht om de nieuwe generaties te onderwijzen, te begeleiden en op te leiden. Zo kunnen we als mentoren gebruik maken van dit zeer belangrijke instrument, namelijk de publicatie van literaire werken. Elke mentor heeft een betrouwbare bron nodig als back-up, dus een boek is aangewezen. De mentor is een leraar die begeleidt en ervoor zorgt dat het leren in een echte praktijk terechtkomt, aangezien hij de leerling in kwestie zo lang als nodig begeleidt. Een mentor biedt ook zijn gezicht aan als vriend en niet alleen als leerautoriteit. Een mentor wordt een familie via dit koninklijke leerpad, daarom gaat hun relatie verder dan objectieve informatie. Elke overgedragen ervaring moet dus gepaard gaan met eerdere ervaringen, en daarom wordt elk geschrift een mentor wanneer het rechtsgeldig wordt en wordt erkend voor zijn invloedrijke bestaan. Een patent is een mentor voor degenen die het halen om hun huidige kennis te vernieuwen.

VISIONAIR:

Een van de grootste motivaties die je zeker hebt ervaren, is om te onthullen wat je van binnen hebt geïnnoveerd of ontdekt, om te helpen of aan te tonen dat deze of gene situatie een oplossing heeft. Visionair zijn is ver voorbij onze eigen belangen kijken, die natuurlijk in ieders leven voorop staan. Elke keer dat je geconfronteerd wordt met een dagelijks probleem en een nieuwe oplossing in je hoofd vindt, projecteren je hersenen een betere toekomst in je denken, en dit niet alleen voor het individuele welzijn, maar ook voor een breed en uitgebreid algemeen belang. Plannen voor de toekomst en strateeg zijn, is echt een visionair zijn die vasthoudt aan echte en tastbare resultaten. De visie is er een die in onze geest wordt gevormd, maar het is echt, in de manier waarop we handelingen uitvoeren ter bevestiging en praktisch gebruik. Een visionair zijn op het gebied van patenteren is een erfenis achterlaten die voor iedereen beschikbaar is. Een ontdekking, ontwerp of conformatie vereist een volledige visie op ons leven.Dit wordt bereikt door te leren van het verleden, te corrigeren in het heden en altijd een door onszelf gecreëerde toekomst te leven. Je kunt alleen het heden in evenwicht brengen met zijn twee componenten aan zijn kanten, verleden en toekomst, ervaring en planning, fundament en plafond.

ISBN:

Als epiloog zal ik het direct hebben over de ISBN-nummer, **(Internationaal Standaard Boek Nummer),** Welke in hetzelfde boek dat u aan het lezen bent, op de achteromslag staat, in dit geval is dit nummer **ISBN: 9798390351673** en het maakt al deel uit van het web, www brengt het naar de hele wereld en te allen tijde, dus het verspreiden ervan is een inclusieve taak voor ons primaire doel. We zullen in staat zijn om het grootste aantal innovaties, ontdekkingen en technologieën te patenteren, via wereldwijde en permanente geregistreerde uitgaveverdragen voor onafhankelijke auto's. Lage kosten en universele dekking. Een ISBN is uniek en persoonlijk, het is de precieze identificatie van een werk in zijn geheel, waardoor de auteur de eigenaar van dat document wordt. Onthoud dat u in een verdrag, essay of geschrift alles in detail kunt vastleggen dat overeenkomt met uw idee, apparaat, innovatie of hypothese, diagrammen, gegevens en andere informatie, onder één enkel nummer dat wereldwijd is geregistreerd en over de hele wereld wordt gewaardeerd als eigendom Intellectueel van de auteur met betrekking tot het genoemde ISBN. Vervolgens laat ik de QR achter voor uw registratie, betaling en zo het verkrijgen ervan.

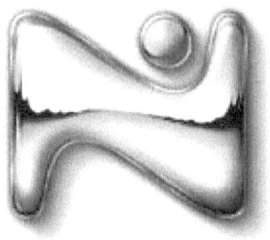

Alle rechten voorbehouden. Onder de vastgestelde sancties

in het rechtssysteem is het ten strengste verboden,

zonder schriftelijke toestemming van de eigenaren van
de*Auteursrecht*©

de gehele of gedeeltelijke reproductie van dit werk door

elk middel of procedure

reprografie en behandeling

computer.

www.ingramcontent.com/pod-product-compliance
Lightning Source LLC
Chambersburg PA
CBHW031558210526
45464CB00003B/1337